BEI GRIN MACHT SICH IHR WISSEN BEZAHLT

AF154625

- Wir veröffentlichen Ihre Hausarbeit,
  Bachelor- und Masterarbeit

- Ihr eigenes eBook und Buch -
  weltweit in allen wichtigen Shops

- Verdienen Sie an jedem Verkauf

Jetzt bei www.GRIN.com hochladen
und kostenlos publizieren

Bibliografische Information der Deutschen Nationalbibliothek:

Die Deutsche Bibliothek verzeichnet diese Publikation in der Deutschen National-
bibliografie; detaillierte bibliografische Daten sind im Internet über http://dnb.d-
nb.de/ abrufbar.

Impressum:

Copyright © 2010 GRIN Verlag, Open Publishing GmbH
Druck und Bindung: Books on Demand GmbH, Norderstedt Germany
ISBN: 9783656881094

Dieses Buch bei GRIN:

http://www.grin.com/de/e-book/287867/symmetrische-figuren-erkennen-und-
zeichnen-klasse-2

Stefanie Maurer

Symmetrische Figuren erkennen und zeichnen (Klasse 2)

GRIN Verlag

GRIN - Your knowledge has value

Der GRIN Verlag publiziert seit 1998 wissenschaftliche Arbeiten von Studenten, Hochschullehrern und anderen Akademikern als eBook und gedrucktes Buch. Die Verlagswebsite www.grin.com ist die ideale Plattform zur Veröffentlichung von Hausarbeiten, Abschlussarbeiten, wissenschaftlichen Aufsätzen, Dissertationen und Fachbüchern.

Besuchen Sie uns im Internet:

http://www.grin.com/

http://www.facebook.com/grincom

http://www.twitter.com/grin_com

Inhaltsverzeichnis

1. Soziokulturelle Analyse

1.1 Struktur der Schule

Die x-Schule in x ist eine Grund- und Hauptschule mit Werkrealschule und wird derzeit von ca. 245 Schülern[1] besucht. x ist ein Teilort der Gemeinde y. Das Einzugsgebiet der Grundschule beschränkt sich auf die Teilorte x und y. Ein Großteil der Kinder kommt aus x und kann daher zu Fuß zur Schule gehen. Die Schüler, die aus y stammen, werden von einem Linienbus zum Unterricht gebracht. Das Einzugsgebiet der Hauptschule umfasst ebenfalls die Teilorte x und xx sowie weitere Teilorte, wie y, a, b, c und d.

In einem gut ausgestatteten Schulgebäude arbeiten sieben Grundschulklassen und sechs Hauptschulklassen. Mit Ausnahme der 1. Klasse sind in der Grundschule alle Klassen zweizügig, während hingegen in der Hauptschule alle Klassen ausnahmslos einzügig sind. Das Kollegium umfasst etwa 25 Lehrer und Lehrerinnen.

Die x-Schule setzt sich aus dem Hauptgebäude und einem Neuanbau zusammen. Im Hauptgebäude befinden sich die einzelnen Klassenzimmer sowie das Lehrerzimmer, während im Anbau ein Computerraum, eine Bewegungshalle, eine Schülerbücherei, ein Besprechungs- sowie Medienraum und die Mensa untergebracht sind.

Zusätzlich zum regulären Unterricht bietet die x-Schule eine Ganztagesbetreuung an, die sich in einem vielseitigen Programm an frei wählbaren Arbeitsgemeinschaften wiederspiegelt. Hierzu gehören beispielsweise eine Naturforscher-AG, Akrobatik-AG, eine Schülerzeitungs-AG, Hip-Hop-Dancing-AG und viele mehr, die zur individuellen Förderung der Begabungen der Kinder beitragen.

Das Klassenzimmer der Klasse 2a befindet sich im Erdgeschoss des Hauptgebäudes der Schule. Es ist mit zwei Tafeln ausgestattet, wobei die Tafel an der Seite des Aufschreibens der Hausaufgaben dient, sowie des Festhaltens der einzelnen Klassendienste. Das Klassenzimmer bietet genügend Raum für Sozialformen wie beispielsweise einen Sitzkreis. Im hinteren Teil des Zimmers befinden sich zusätzliche Tische, die als Ablagemöglichkeit für Freiarbeitsmaterialien oder Ähn-

---

[1] Aus Gründen der einfacheren Lektüre wird in der gesamten Ausarbeitung auf die Verwendung weiblicher Morpheme verzichtet.

liches genutzt werden können. Hierbei sind die Kinder es gewohnt Arbeitsmaterialien für das Fach Deutsch im linken hinteren Eck des Zimmers (auf dem „Deutsch-Tisch") und für das Fach Mathematik im rechten hinteren Eck (auf dem „Mathe-Tisch") vorzufinden. Die Tische der Schüler stehen in einer U-Form, wodurch jedes Kind eine gute Sicht zur Tafel hat und auch die Lehrerin die gesamte Klasse optimal überblicken kann.

Weiterhin verfügt die Klasse über ihre eigene kleine Schülerbücherei, die in Regalen ebenfalls im hinteren Teil des Zimmers angesiedelt ist und den Kindern die Möglichkeit bietet Bücher für zu Hause auszuleihen.

1.2 Struktur der Klasse

1.2.1 Zusammensetzung der Klasse

Die Klasse 2 der x-Schule besteht aus 17 Schülern. Davon sind elf Mädchen und sechs Jungen.

Es befinden sich fünf Kinder mit Migrationshintergrund in der Klasse, wovon zwei aus der Türkei stammen, zwei aus Bosnien-Herzegowina und eine Schülerin aus Italien.

1.2.2 Leistungs- und Arbeitsverhalten

Es herrscht eine harmonische Atmosphäre in der Klasse, die Kinder akzeptieren und respektieren sich gegenseitig. Während des Unterrichts verhalten sich die Schüler meist sehr lernfreudig und interessiert. Es gibt jedoch auch ein paar wenige Kinder, die etwas unruhig sind. Diesen fällt es besonders schwer sich an Regeln zu halten, wie beispielsweise sich vor Beiträgen mit Handzeichen zu melden.

Das Leistungsniveau sowie das Arbeits- und Lerntempo ist in dieser Klasse sehr unterschiedlich ausgeprägt. Daher ist eine differenzierte Unterrichtsgestaltung unbedingt notwendig.

1.2.3 Arbeits- und Sozialformen

Die Schüler kennen bereits verschiedene Arbeitstechniken, wie Lernen an Stationen bzw. an der Lerntheke oder das freie Arbeiten, wie beispielsweise Wochenplanarbeit. Auch Einzel-, Partner- und Gruppenarbeit werden im Unterricht immer wieder praktiziert und funktionieren gut. Weiterhin ist den Kindern der Sitzkreis als gängige Sozialform bekannt. Vor kurzem wurde nun auch noch der sogenannte

„Kinositz" eingeführt, der Schülern eine bessere Sicht auf mitgebrachte Lerngegenstände gewährleisten soll.

Rituale und Regeln werden in dieser Klasse oft angewandt. So gibt es zum Beispiel verschiedene Klassendienste, wie den Austeil-, Tafel-, oder Aufräumdienst, die von den Schülern selbstständig ausgeführt werden. Weiterhin befindet sich im Klassenzimmer ein Plakat, welches die Kinder stets an die ihnen bekannten Klassenregeln erinnern soll. Die Schüler sind es außerdem gewohnt, ihre Namensschilder an die seitliche Tafel zu hängen, sobald sie eine Aufgabe erledigt haben und diese durch die Lehrperson korrigiert werden soll. Sie sind es hingegen ebenso gewohnt eine Selbstkontrolle durchzuführen.

Als Zeichen zur Ruhe oder zur Einholung der Aufmerksamkeit wird eine Klangschale verwendet. Des Weiteren ist der Klasse die Handhabung sogenannter Smileys geläufig. Diese können zur Belohnung eingesetzt werden, was bedeutet, wenn ein Schüler etwas besonders gut macht, kann dieser mit einem Smiley dafür belohnt werden. Weiterhin sind die Klassensmileys zu nennen, die ausgehändigt werden, sobald die gesamte Klasse für etwas zu belohnen ist. Hat ein einzelner Schüler oder auch die Klasse als Ganzes insgesamt zehn Smileys gesammelt, können sie diese bei der Lehrperson einreichen und sich dafür materielle Dinge auswählen oder gar einen Ausflug im Rahmen der gesamten Klasse wünschen.

Jedoch können diese Smileys ebenso auch als Konsequenz für inakzeptables Verhalten ihren Nutzen finden, indem sie Kindern, die beispielsweise negativ im Unterricht auffallen, abgenommen werden.

1.2.4 Einzelne Schülerpersönlichkeiten

Im folgenden Abschnitt möchte ich nun noch auf einzelne Schüler zu sprechen kommen, die mir persönlich als auffällig erscheinen.

Hierzu gehört a, die Anfang dieses Schuljahres neu in die Klasse kam. Sie hat Probleme sich während einer Arbeitsphase zu konzentrieren, lässt sich sehr leicht ablenken und arbeitet daher oft nur sehr langsam. Auch bedarf es ihr immer wieder zusätzlicher Erklärungen sowie Aufforderungen zum Weiterarbeiten. Weiterhin fällt sie des Öfteren negativ im Unterricht auf, besonders wenn es um das Arbeiten in Gruppen geht, da sie andere Kinder stört oder gar ärgert.

Die Schülerin b ist zu nennen, da sie momentan die zweite Klasse wiederholt und trotz dieser Tatsache ein sehr niedriges Leistungsniveau in Mathematik aufweist. Sie benötigt ebenfalls meist zusätzliche Erklärungen.

3

c, der einen türkischen Migrationshintergrund besitzt, ist sprachlich sehr schwach, in Mathematik selbst jedoch, verfügt er über gute Leistungen.

Die beiden Schülerinnen d und e fallen durch ihr besonders schnelles Arbeits- und Lerntempo auf.

2. <u>Sachanalyse</u>

2.1 Symmetrie allgemein

Der Begriff „Symmetrie" leitet sich aus dem Griechisch-Lateinischen ab und bedeutet Gleich- bzw. Ebenmaß. Eine Figur ist geometrisch gesehen symmetrisch, wenn sie durch gewisse Verwandlungen bzw. Bewegungen auf sich selbst abbildet werden kann (vgl. Duden Band 5, 2005, S. 1011).

Je nach Art der Bewegung können verschiedene Arten von Symmetrien unterschieden werden. In der zweidimensionalen Ebene unterscheidet man die Punktsymmetrie (Symmetrie hinsichtlich eines Punktes) und die Achsensymmetrie (Symmetrie hinsichtlich einer Achse). Eine Figur ist punktsymmetrisch, wenn sie durch die Spiegelung mittels eines Punktes auf sich selbst abgebildet wird.

Ebenso gibt es Symmetrien in der dreidimensionalen Ebene. Für die aktuelle Stunde ist jedoch lediglich die Achsensymmetrie in der zweidimensionalen Ebene von Bedeutung, da Symmetrien in räumlichen Figuren für Kinder der zweiten Jahrgangsstufe noch schwer visuell wahrnehmbar sind.

2.2 Achsensymmetrie

Eine ebene Figur ist achsensymmetrisch, wenn sie durch eine Gerade, die Symmetrieachse, in zwei identische Hälften geteilt wird (vgl. Drews & Scholl, 2001, S. 413). Oder anders ausgedrückt: „Wenn es eine Gerade [...] gibt, bei der die Figur durch Spiegelung auf sich abgebildet wird" (http://www.didaktik.mathematik.uni-wuerzburg.de/projekt/mathei/symmetrie/symdef1.html). Die Symmetrieachse wird daher oft auch als Spiegelachse bezeichnet. In der zweidimensionalen Ebene gibt es Figuren, wie beispielsweise das Quadrat, die mehrere Spiegelachsen aufweisen können. Man bezeichnet diese dann als mehrfach achsensymmetrisch.

3. Didaktische Analyse

3.1 Didaktische Überlegungen

3.1.1 Gegenwartsbedeutung

In ihrer Lebensumwelt begegnen Kinder ständig symmetrischen Figuren und Formen. Diese werden von ihnen als schön empfunden. Die Schüler bringen bereits vielfältige Alltagserfahrungen im Bereich Symmetrie mit. Sie können achsensymmetrischen Strukturen beispielsweise an sich selbst entdecken (Gesicht, Körper), in der Natur, wie etwa in der Tier- und Pflanzenwelt (Schmetterling, Blüten, Blätter), an Bauwerken (Schloss, Brücken) oder auch an Verkehrsschildern. Hierbei muss jedoch beachtet werden, dass Dinge, die in der Natur vorkommen nie exakt symmetrisch sind, sondern nur fast symmetrisch. Wo hingegen Objekte, die von Menschen geschaffen werden, wie beispielsweise Bauwerke, symmetrisch im Sinn der mathematischen Definition von Achsensymmetrie sind (vgl. Lehrerhandbuch Matheprofis, S. 108).

Wir Menschen fühlen uns zu symmetrischen Figuren besonders hingezogen. Dies zeigt sich beispielsweise an der Freude über Spiegelungen von Landschaften in einem ruhigen See oder über spiegelbildliche Wiederholungen in der Natur. Symmetrische Figuren werden von unserem Gehirn schneller und besser gespeichert als asymmetrische. Weiterhin wird durch die Beschäftigung mit symmetrischen Figuren das ästhetische Empfinden der Kinder angeregt und die Beobachtungsfähigkeit sowie das Wahrnehmen von Regelmäßigkeiten und Raum-/ Lagebeziehungen geschult und gefördert (vgl. Radatz & Rickmeyer, 1991, S.81). Diese Fähigkeiten bilden den Grundstein für räumliches Vorstellungsvermögen, das für die Kinder nicht nur für erfolgreiches Lernen von großer Bedeutung ist, sondern vor allem auch für ihr praktisches Leben.

3.1.2 Zukunftsbedeutung

Eine der Hauptaufgaben des Geometrieunterrichts in der Grundschule ist die Entwicklung eines räumlichen Vorstellungs- bzw. Orientierungsvermögens. Dies wird besonders, wie zuvor schon erwähnt, durch das Entdecken von symmetrischen Eigenschaften gefördert und ist demnach gegenwärtig sowie zukünftig von großer Bedeutung für die Kinder.

Der Begriff der Symmetrie wird den Schülern in Zukunft immer wieder begegnen. Sei es in Form von Gegenständen aus ihrer alltäglichen Lebenswelt (Blumen, Flugzeuge, etc.) oder im Bereich ihrer späteren Schullaufbahn, in der die Symmetrie in komplexeren mathematischen Kontexten Anwendung findet, wie beispielsweise die Symmetrie von dreidimensionalen Körpern.

3.1.3 Zugänglichkeit

Viele der Kinder dürften schon zahlreiche Vorerfahrungen zur Achsensymmetrie gesammelt haben, da sie, wie zuvor schon erwähnt, in ihrer alltäglichen Umwelt mit vielerlei symmetrischer Formen in Berührung kommen, auch wenn dies meist noch unbewusst geschieht. Daher wird dieses Thema den meisten Kindern gut zugänglich sein. Des Weiteren wird darauf geachtet, dass die mitgebrachten Figuren zu Beginn der Stunde und auch während der Arbeitsphase aus der Lebenswelt der Kinder stammen, was ihnen ebenso den Zugang zu dieser Stundenthematik erleichtern sollte.

Der Spiegel ist den Kindern bereits aus ihrem alltäglichen Leben bekannt, der nun hier als Arbeitsmittel des Geometrieunterrichts seine Anwendung findet, da er sich besonders gut eignet Symmetrien zu veranschaulichen. In der aktuellen Stunde werden die Kinder den Spiegel sowohl als Kontrollmöglichkeit (Überprüfen von Figuren auf Symmetrie) wie auch als Hilfsmittel (Ergänzen symmetrischer Figuren) nutzen lernen.

Der Spiegel hat einen hohen Aufforderungscharakter und bietet den Kindern die Möglichkeit eines handlungsorientierten, anschaulichen Zugangs zu diesem Stundenthema.

3.2 Vorkenntnisse der Schüler

Die Schüler konnten bereits in der ersten Klasse, im Rahmen eines jahrgangsgemischten Mathe-Ateliers, ein paar Erfahrungen zur Achsensymmetrie sammeln. Sie hatten hierbei die Möglichkeit an verschiedenen Angeboten, wie beispielsweise dem Entdecken symmetrischer Figuren durch die Falttechnik oder in Form von Klecksbildern, zu arbeiten. Ebenso wurden Aufgaben zum Herstellen symmetrischer Figuren bereitgestellt, wodurch die Kinder auch erste Erfahrungen mit dem Spiegel sammeln konnten. An dieses Vorwissen kann nun in der aktuellen Stunde angeknüpft werden, wobei dieses, mit großer Wahrscheinlichkeit, in sehr unterschiedlichem Maße vertreten sein wird, da sich jedes Kind mit unterschiedlichen Aufgaben sowie auf unterschiedlichem Niveau beschäftigte. Dies macht ein differenziertes Arbeiten in der gegenwärtigen Stunde unbedingt notwendig.

Außerdem wurde im ersten Schuljahr eine Lernzielkontrolle durchgeführt, die unter anderem die Thematik der Achsensymmetrie beinhaltete. Hierbei stellte sich heraus, dass einige Kinder noch Lücken in diesem Bereich aufwiesen. Aufgrund dieser Tatsache ist es von großer Wichtigkeit das Thema Achsensymmetrie spiralförmig zu wiederholen, weshalb es in dieser Stunde nun noch einmal aufgegriffen und vertiefend geübt wird.

3.3   Auswahl und Begrenzung der Stunde mit kurzem Ausblick

Wie zuvor schon erwähnt, sind die bereits gesammelten Erfahrungen der Kinder im Themenbereich der Achsensymmetrie sehr unterschiedlich anzusehen. Diese reichen von Klecksbildern bis hin zum Herstellen symmetrischer Figuren.

Aufgrund dessen wird in der Einstiegsphase der gegenwärtigen Stunde auf das Wiederholen der grundlegenden Begriffe „symmetrisch"/ „nicht-symmetrisch" und „Symmetrieachse" Wert gelegt. Ebenso wird das korrekte Vorgehen beim zeichnerischen Ergänzen spiegelbildlicher Figuren noch einmal gemeinsam aufgegriffen und für alle Schüler wiederholt, was in Folge dessen in der sich anschließenden Arbeitsphase vertiefend geübt werden kann.

Weitestgehend alle Kinder hatten im Mathe-Atelier die Möglichkeit symmetrische Figuren anhand von Klecksbildern zu erzeugen, weshalb dies in der aktuellen Stunde nicht noch einmal thematisiert wird.

Demnach liegt das Hauptaugenmerk in dieser Stunde auf dem Überprüfen von Figuren auf Symmetrie, dem Einzeichnen der Symmetrieachse, sowie dem Herstellen symmetrischer Figuren, unter Zuhilfenahme des Spiegels. Dies findet sowohl enaktiv, durch Legen von Plättchen, statt, als auch ikonisch, indem Figuren an der Spiegelachse gespiegelt bzw. zeichnerisch ergänzt werden, wobei Letzteres eher leichtere bis mittelschwere Figuren beinhaltet.

In der nachfolgenden Stunde können dann anschließend noch komplexere Figuren im Bereich des zeichnerischen Ergänzens behandelt werden, so dass am Ende dieser Stunde alle Kinder das Spiegeln von Figuren bzw. Mustern an der Symmetrieachse beherrschen.

3.4   Mögliche Schwierigkeiten

Während der Stunde „Symmetrische Figuren erkennen und zeichnen" muss ich mit verschiedenen Problemen und Schwierigkeiten bei den Schülern rechnen.

Da es nun schon einige Zeit zurück liegt, als die Kinder das letzte Mal mit dem Thema Achsensymmetrie konfrontiert wurden, besteht die Möglichkeit, dass die Kinder zu Anfang der Stunde, wenn sie dazu aufgefordert werden die Gegenstände, die sie im Kreis vor sich liegen haben, zu sortieren, diese erst einmal nach „falschen" Kriterien ordnen. In diesem Fall versuche ich sie an das Mathe-Atelier zu erinnern um ihr Vorwissen zu aktivieren.

Des Weiteren könnten die Schüler Probleme mit der korrekten Handhabung des Spiegels haben bzw. diesen nicht effektiv einsetzen, was wiederum die Bearbeitung der Aufgaben erschweren würde. Daher muss im Einstieg darauf geachtet werden den Schülern eine verständliche Anleitung zu geben, wie der Spiegel anzuwenden ist.

Auch muss damit gerechnet werden, dass die Kinder Schwierigkeiten im Bereich des geometrisch korrekten Zeichnens aufweisen. Da sie bisher noch wenig Erfahrungen beim genauen Zeichnen mit Lineal gesammelt haben, sind durchaus noch Ungenauigkeiten zu erwarten.

3.5   Bezug zum Bildungsplan

Eine der zentralen Aufgaben des Mathematikunterrichts ist es, die Kinder für den mathematischen Gehalt alltäglicher Situationen oder Phänomene, wie beispielsweise das Vorkommen symmetrischer Gegebenheiten in der Umwelt, zu sensibilisieren.

Das Stundenthema Symmetrie ist im Bildungsplan in das Arbeitsfeld „Geometrie" einzuordnen. Eine fachliche Kompetenz in diesem Bereich, befähigt die Kinder dazu ihre natürliche Umgebung und Umwelt bewusst wahrzunehmen. Durch das Entdecken und Analysieren von Strukturen sowie Phänomenen entwickelt sich bei den Schülern ein geometrisches Vorstellungsvermögen, das sie wiederum beim Zeichnen und künstlerischen Gestalten umsetzen können. Das Orientierungsvermögen in Raum und Ebene gehört, neben anderen unabdingbaren Fertigkeiten, wie etwa ein solides Zahlverständnis, das Beherrschen der Grundrechenarten, etc., zum mathematischen Grundwissen, das die Schülerinnen und Schüler im Mathematikunterricht erwerben sollten (vgl. Bildungsplan 2004, S. 54 f.).

In der aktuellen Stunde werden die Schüler „einfache symmetrische Figuren konkret handelnd herstellen und Formen und Figuren konkret handelnd auf Symmetrie überprüfen [...]" (Bildungsplan 2004, S. 59). Diese angestrebten Kompetenzen sind im Bildungsplan 2004 der Leitidee „Raum und Ebene" zuzuordnen und werden in dieser Stunde wie folgt realisiert: Zu Beginn der Stunde untersuchen die Schüler Formen auf Symmetrie, erst durch Falten später mithilfe des Spiegels. In der anschließenden Arbeitsphase werden die Kinder dazu angeregt mithilfe des Spiegels symmetrische Figuren zeichnerisch oder durch Legen von Plättchen zu ergänzen. Dieses handlungsorientierte Arbeiten ermöglicht es jedem Kind auf seinem Niveau des Könnens zu arbeiten (vgl. Bildungsplan 2004, S. 56).

Außerdem werden die Schülerinnen und Schüler zu Anfang der Stunde, während der Partnerarbeitsphase sowie in der Ergebnissicherung stets dazu angeregt über ihre Ideen und Lösungswege zu kommunizieren, was wiederum zum Aufbau und zur Schulung der Sprachkompetenz beiträgt (vgl. Bildungsplan 2004, S. 56).

3.6 Lernziele

Grobziel: Die SuS sollen am Ende der Stunde den Unterschied zwischen symmetrischen und nicht-symmetrischen Figuren kennen sowie einfache symmetrische Figuren herstellen.

Feinziele:

kognitiv:

Die Schülerinnen und Schüler sollen:

- verschiedene Figuren nach den Kriterien symmetrisch und nicht-symmetrisch sortieren.
- die Begriffe „symmetrisch" und „Symmetrieachse" verstehen.
- symmetrische und nicht-symmetrische Figuren unter Verwendung des Spiegels erkennen bzw. überprüfen.
- Figuren mithilfe des Spiegels achsensymmetrisch ergänzen.

psychomotorisch:

Die Schülerinnen und Schüler sollen:

- mit dem Arbeitsmittel Spiegel sachgerecht umgehen können.
- den genauen Umgang mit Bleistift und Lineal im Zeichnen üben.

erzieherisch:

Die Schülerinnen und Schüler sollen:
- miteinander kooperieren und kommunizieren.
- lernen sich gegenseitig zuzuhören.

Erzieherische Ziele sind als langfristige Ziele anzusehen und können daher nicht innerhalb einer Stunde realisiert werden.

4. Methodische Analyse

4.1 Einstieg

Zu Beginn der Stunde begrüße ich die Kinder und fordere sie dazu auf den Besuch ebenfalls zu begrüßen. Anschließend bitte ich die Schüler den, ihnen bereits bekannten, Kinositz zu bilden.

Als Einstieg in das Thema „Symmetrische Figuren erkennen und zeichnen" werden den Kindern verschiedene Figuren gezeigt, die sie durch Falten auf Symmetrie untersuchen und nach den Kriterien symmetrisch und nicht-symmetrisch sortieren sollen. Hierfür erzähle ich den Kindern, dass mir ein Bekannter namens „Maler Klecks" ein Paket mit verschiedenen Figuren geschickt hat, die er selbst hergestellt hat. Diese Figuren (Herz, Haus, Hand, Zahl 2, Schmetterling, Zahl 3) stammen aus der Lebenswelt der Kinder, was einerseits einen Realitätsbezug schafft und andererseits das Interesse der Kinder weckt.

Die Figuren werden in die Mitte gelegt und es wird dazu gesagt, dass der Maler Klecks nun gerne unsere Meinung zu seinen Werken hören möchte. Die Schüler sollen hierbei schildern, was ihnen auffällt. Höchstwahrscheinlich werden sie dabei noch nicht darauf kommen, dass manche Figuren symmetrisch und manche nicht-symmetrisch sind. Ich werde daher hinzufügen, dass dem Maler Klecks bestimmte Formen besonders gut gefallen, andere nicht so und sie fragen welche das sein könnten bzw. nach was man diese Figuren sortieren könnte. Falls die Schüler die

Formen nicht nach den angestrebten Kriterien ordnen, werde ich sie, als Denkanstoß, an das Mathe-Atelier aus der ersten Klasse erinnern. Nachdem die Kinder die Figuren in symmetrische und nicht-symmetrische unterschieden und dies durch Falten überprüft haben, zeichnen sie die Symmetrieachsen an der Faltstelle ein und schildern ihr Vorgehen. Dabei muss darauf geachtet werden, dass ein Lineal sowie ein gespitzter Stift dafür verwendet werden. Anbei werden mit den Schülern die Begriffe „symmetrisch" und „Symmetrieachse" wiederholt und geklärt. Diese Hinführung zum Thema dient der Aktivierung des Vorwissens der Kinder und gleichzeitig dem nochmaligen Aufgreifen und Wiederholen der Begriffe „symmetrisch" und „Symmetrieachse".

Alternativ hätte ich die Schüler die Figuren auch ohne Einbindung des Malers Klecks sortieren lassen können. Ich habe mich jedoch ganz bewusst für diesen situativen Rahmen entschieden, da es für die Kinder motivierend ist und zudem einen emotionalen Zugang zu dieser Thematik schafft.

4.2 Aufgaben- und Problemstellung

Im nächsten Schritt werden zwei Bildhälften (Drache, Haus) in die Mitte gelegt, die die Schüler mithilfe des Spiegels zu achsensymmetrischen Figuren ergänzen sollen. Eine der beiden Bildhälften ist dafür gedacht, dass die Schüler sich daran ausprobieren können. Falls dies einer Korrektur bedarf wird die zweite Bildhälfte dafür herangezogen, worauf im Folgenden noch näher eingegangen wird.

In dieser Phase beziehe ich mich ebenfalls auf den Maler Klecks und schildere den Kindern folgendes Problem: „Der Maler Klecks hat mir noch weitere Bilder geschickt, aber keines davon hat er fertiggestellt. Könnt ihr ihm helfen die Bilder fertig zu zeichnen?". Der Spiegel wird als Hilfsmittel dazu gelegt. Falls die Schüler den Spiegel nicht von selbst nutzen, werde ich sie fragen, wie sie ihr Ergebnis überprüfen können. Anbei wird der Nutzen sowie die korrekte Anwendung des Spiegels thematisiert. Die Kinder sollten hierbei darauf achten den Spiegel exakt auf der Symmetrieachse anzusetzen. An dieser Stelle wird den Schülern verständlich gemacht, dass die Symmetrieachse ebenso als Spiegelachse bezeichnet werden kann. Da sie den Spiegel als Kontrollmöglichkeit für symmetrische Figuren kennen- und nutzen lernen, können sie diesen leicht mit dem Begriff „Spiegelachse" assoziieren.

Falls, wie oben schon erwähnt, die gezeichnete Figur der Schüler ungenau bzw. nicht achsensymmetrisch ist, werde ich ihnen zu verstehen geben, dass dies dem Maler Klecks so noch nicht gefallen wird. Sie werden mit der Problemstellung konfrontiert, wie aus der Bildhälfte eine achsensymmetrische Figur hergestellt werden kann, die dem Maler Klecks gefällt. Die Kinder äußern ihre Vermutungen bzw. schildern ihr mögliches Vorgehen. Sofern sie nicht auf die Strategie des Kästchenzählens kommen, gebe ich ihnen den Tipp nach den Eckpunkten der Figur zu suchen und diese im gleichen Abstand zur Symmetrieachse auf die andere Seite zu spiegeln. Diese Methode wird mit den Schülern gemeinsam an der zweiten, noch nicht verwendeten Bildhälfte, visualisiert und mit dem Spiegel kontrolliert. Anbei wird den Kindern noch zu verstehen gegeben, dass ihr Handwerk für geometrisches Zeichnen stets aus einem gespitzten Bleistift sowie einem Lineal besteht. Außerdem sollten sie versuchen darauf zu achten besonders genau zu zeichnen, was bedeutet, eine Linie nur einmal zu zeichnen und diese nicht nachzufahren, da es sonst ungenau bzw. unsymmetrisch wird.

Als Alternative hätte ich mit den Schülern gemeinsam eine Figur an der Tafel spiegelbildlich ergänzen können. Da es Kindern jedoch sehr schwer fällt generell an der Tafel zu zeichnen und insbesondere mit einem Lineal, habe ich mich für die Umsetzung in der Organisationsform Sitzkreis entschieden, bei der sie die Möglichkeit haben auf einem Plakat zu zeichnen. Weiterhin habe ich bewusst die Entscheidung getroffen, dass sich die Schüler erst einmal selbst im Spiegeln von Figuren erproben, um ihre eigenen Erfahrungen in diesem Bereich sammeln zu können und auf diese Weise eventuell die Notwendigkeit eines strukturierten Vorgehens in dieser Sache zu erkennen. Außerdem können somit die Vorkenntnisse der Schüler transparent gemacht werden, worauf im folgenden Vorgehen aufgebaut werden kann.

Als Überleitung in die sich daran anschließende Arbeitsphase wird den Kindern erzählt, dass der Maler Klecks noch weitere Figuren an die Klasse 2a mitgeschickt hat und möchte, dass die Schüler daran weiter üben, damit sie irgendwann genau so gut sind wie er.

4.3 Arbeitsphase

Im nächsten Schritt werde ich die darauffolgende Lerntheke erklären. Ich mache die Schüler darauf aufmerksam, dass sie ein Arbeitsblatt, welches sich in zwei Teile gliedert, als Pflichtaufgabe (grün gekennzeichnet) zu bearbeiten haben. Den ersten Teil bekommen die Kinder von mir ausgehändigt, der zweite Teil liegt in der Lerntheke aus. Das Pflichtarbeitsblatt ist aus folgenden Gründen unterteilt: Die erste Aufgabe, bei welcher die Schüler durch Legen von Plättchen symmetrische Figuren ergänzen, wird von den Schülern in Partnerarbeit erledigt, weshalb sie daher zu zweit ein Papier verwenden. Dies stellt sicher, dass sie tatsächlich zusammenarbeiten und keine Einzelarbeit entsteht. Für die zweite Aufgabe, bei der die Kinder mithilfe des Spiegels symmetrische Figuren entdecken und gegebenenfalls die Symmetrieachsen einzeichnen sollen, ist es ihnen hingegen freigestellt, ob sie alleine oder mit einem Partner arbeiten möchten. Daher kann sich hierfür auch jeder Schüler ein eigenes Arbeitsblatt nehmen.

In der Phase der Partnerarbeit können sich die Schüler gegenseitig helfen, sich über Lösungswege austauschen sowie über mathematische Sachverhalte sprechen. Diese Art der Sozialform fördert besonders das kooperative Arbeiten unter den Kindern, sowie das Kommunizieren und Argumentieren über mathematische Gegebenheiten und stärkt zudem ihre soziale Kompetenz.

Des Weiteren weise ich die Schüler daraufhin, dass sie nach Bearbeiten der Pflichtaufgabe eine selbstständige Ergebniskontrolle durchführen sollen. Die dafür vorgesehenen Lösungsblätter sind hinter der Tafel befestigt.

Als Differenzierung stehen für die etwas schnelleren Kinder weitere Aufgaben zum Zeichnen symmetrischer Figuren (rot gekennzeichnet) zu Verfügung, welche ebenfalls an der Lerntheke ausliegen. Die Schüler können hierfür aus drei Schwierigkeitsgraden auswählen (leicht (ein Punkt) – mittel (zwei Punkte) – schwer (drei Punkte)). Diese Unterteilung entspricht den sehr unterschiedlichen Leistungsvoraussetzungen der Kinder.

Eine weitere rote Aufgabe, die als Partnerarbeit ausgelegt ist, besteht darin, dass die Schüler eigene spiegelsymmetrische Figuren erfinden können. Zunächst zeichnen die Schüler auf ein dafür vorgesehenes Karopapier mit Spiegelachse eine eigens erfundene Figurenhälfte und tauschen anschließend ihre Blätter aus. Der jeweils andere ergänzt die Figurenhälfte seines Partners spiegelsymmetrisch und überprüft mit dem Spiegel. Durch das Kreieren eigener achsensymmetrischer Figuren wird die Kreativität und Fantasie der Schüler gefordert und gefördert.

Da es sich im Bereich des geometrischen Zeichnens für die Kinder etwas schwierig darstellt eine selbstständige Ergebniskontrolle durchzuführen, werde ich am Ende dieser Stunde ihre Arbeitsblätter einsammeln und diese korrigieren.

Nachdem ich den Arbeitsauftrag für alle Kinder erklärt habe, lasse ich diesen von einem Schüler nochmals wiederholen, um sicher zu gehen, dass alle Kinder den Auftrag aufgenommen und verstanden haben.

Eine Alternative wäre gewesen, dass ich den Kindern immer jeweils nur ein Arbeitsblatt austeile, sie es bearbeiten und wir eine gemeinsame Ergebniskontrolle durchführen. Ich habe hierfür jedoch beschlossen die Methode der Lerntheke anzuwenden, da zum einen jedes Kind die Möglichkeit hat in seinem eigenen Lerntempo zu arbeiten und zum anderen die Reihenfolge sowie der Schwierigkeitsgrad der zu bearbeitenden roten Aufgaben frei wählbar ist. Dies fördert die Selbstständigkeit und Eigenverantwortung der Schüler. Des Weiteren dient die Lerntheke der Differenzierung und gestaltet gleichzeitig den Unterricht offener.

4.4   Ergebnissicherung / Reflexion

Als Zeichen für die Beendung der Arbeitsphase verwende ich die Klangschale. Ich bitte die Schüler zu mir nach vorne zu kommen und einen Sitzkreis zu bilden.

Der Abschluss dieser Stunde dient dem Aufgreifen und Besprechen von Fehlern bzw. Schwierigkeiten sowie der Überprüfung des Verständnisses.

Hierfür werden ein gleichseitiges Dreieck sowie ein Haus aus Pappkarton in die Kreismitte gelegt, woran das Vorkommen mehrerer Spiegelachsen als auch der Unterschied zwischen Falt- und Achsensymmetrie thematisiert werden soll. Da dies Teil der zu bearbeitenden Pflichtaufgaben war und die Kinder in diesem Bereich möglicherweise Probleme gehabt haben könnten, wird dies nun noch einmal für alle Schüler aufgegriffen und geklärt.

Die Schüler sollen anhand der Figur des Hauses erkennen, dass diese zwar faltsymmetrisch, jedoch aufgrund der inneren Gestaltung nicht achsensymmetrisch ist. Diese Tatsache können sie durch Falten und mithilfe des Spiegels überprüfen und begründen. Wichtig hierbei ist, dass die Kinder die Notwendigkeit erkennen auch auf das Innere bzw. die Gestaltung einer Figur zu achten.

Mittels des gleichseitigen Dreiecks können die Schüler entdecken, dass es auch Figuren gibt, die mehrfach achsensymmetrisch sind und daher mehrere Spiegelachsen aufweisen. Dies sollen sie durch Falten überprüfen sowie begründen und überdies die Symmetrieachsen einzeichnen.

5. Literaturverzeichnis

Literatur

- **Drews, R. & Scholl, W.** (2001). Handbuch Mathematik. München: Orbis Verlag.
- **Duden Band 5** (2005). Die Grammatik. Mannheim: Bibliographisches Institut & F.A. Brockhaus AG.
- **Haller W., Jestel J., Hinrichs K., Schütte, S. & Verboom, L.** (2004). Lehrerhandbuch. Die Matheprofis 2. München: Oldenbourg Schulbuchverlag GmbH.
- **Ministerium für Kultus, Jugend und Sport Baden-Württemberg** (2004). Bildungsplan Grundschule.
- **Radatz, H. & Rickmeyer, K.** (1991). Handbuch für den Geometrieunterricht an Grundschulen. Hannover: Schroedel Verlag.

Internet

- http://www.didaktik.mathematik.uni-wuerzburg.de/projekt/mathei/symmetrie/symdef1.html